翰墨遗香
了凡四训
明·袁了凡 著
郑红峰 编
线装藏书馆
全四卷
卷一
中国言实出版社
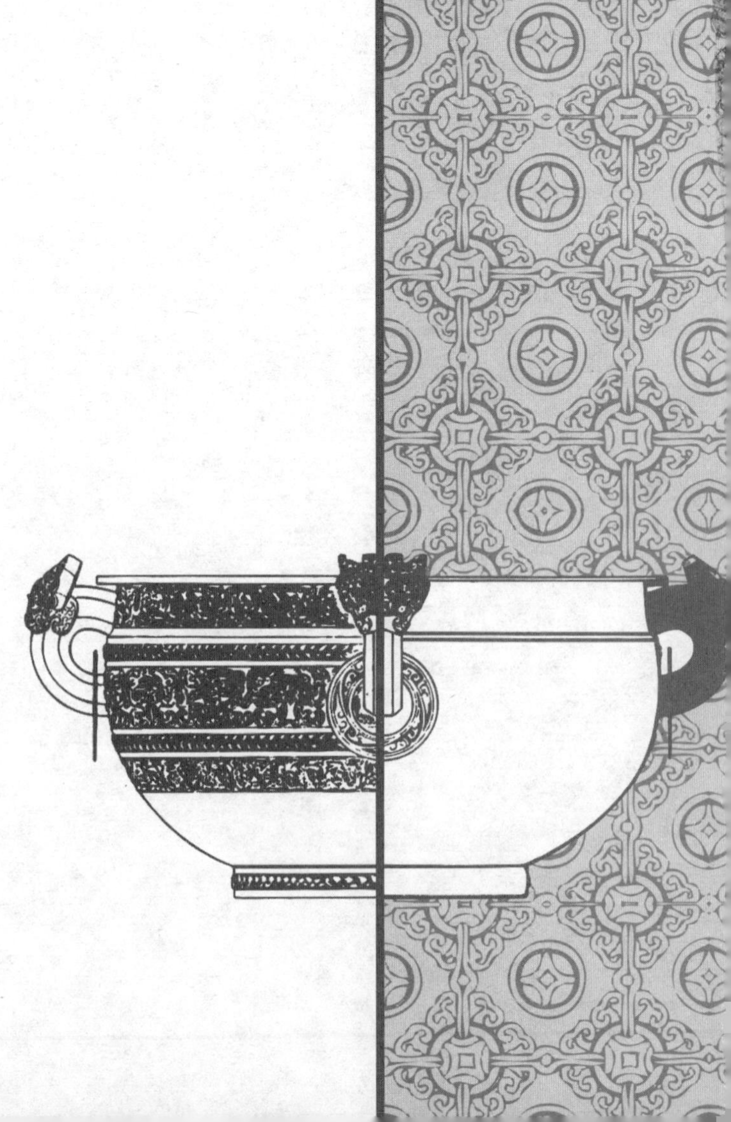

图书在版编目（CIP）数据

了凡四训 /（明）袁了凡著；郑红峰编. —北京：中国言实出版社，2014.6

ISBN 978-7-5171-0610-4

Ⅰ. ①了… Ⅱ. ①袁… ②郑… Ⅲ. ①家庭道德－中国－明代 ②《了凡四训》－译文 ③《了凡四训》－注释 Ⅳ. ①B823.1

中国版本图书馆CIP数据核字（2014）第120175号

责任编辑：王宁

出版发行 中国言实出版社

地　　址 北京市朝阳区北苑路180号加利大厦5号楼105室

邮　　编 100101

编 辑 部 北京市西城区百万庄路甲16号五层

邮　　编 100037

电　　话 64924853（总编室）64924716（发行部）

网　　址 www.zgyscbs.cn

E-mail yanshicbs@263.net

经　　销 新华书店

印　　刷 北京同文印刷有限责任公司

版　　次 2014年7月第1版　2014年7月第1次印刷

规　　格 850毫米×1230毫米　1/16　40印张

字　　数 327千字

定　　价 298.00元（全4卷）　ISBN 978-7-5171-0610-4

出版说明

中华文化，源远流长，博大精深。蒙学读物更是中华民族悠久灿烂文化的重要组成部分，它在中国文化的发展史中占有重要地位。古代蒙书，上至周秦两汉，下讫民国初年，期间长达数千年之久。在这漫长的时间里，蒙学相传相袭，其书逐渐增多，内容也随之更加完善，到汉唐年间基本趋于成熟。从此，启蒙教育普及社会，并成为中华民族千百年来汲取知识营养、增强才智、规范道德行为、促进社会文明进步的重要思想基础。

为弘扬中国优秀传统文化，方便读者从不同文体、不同内涵多角度领略古典蒙学文化，本书辑《了凡四训》、《龙文鞭影》、《千家诗选编》合为一册出版。

《了凡四训》是明朝袁了凡所作的家训，并以他自己改造命运的经验来『现身说法』。本书在明清两代被奉为至宝。作者袁了凡为明朝思想家，一生生活俭朴，谨言恭行，向善习德。期间写下四篇短文，当时命名为《诫子文》，用来训诫他的儿子。这就是后来广行于世的《了凡四训》。本次出版的是精选本，涉及不合时宜的内容未收录。

《龙文鞭影》是中国古代非常有名的儿童启蒙读物，最初由明人萧良有编撰，后来杨臣诤进行了增补修订。本书在传统蒙学中起着承前启后、由浅入深的作用，为进一步读《四书》、《五经》和作文打下基础。它和初读的《三字经》、《百家姓》、《千字文》几种蒙书比较起来，有个显著的特点，就是它广泛地汲取了前人的若干蒙书的材料，融入了二十四史的很多人物典故、神话、小说和笔记，是一部集自然知识、历史典故于一体的骈文读物。

《千家诗选编》是由宋代谢枋得《重定千家诗》（皆七言律诗）和明代王相所选《五言千家诗》合并而成的《千家诗》中遴选精品，辑录而成。它是我国古时带有启蒙性质的诗歌选本。因为它所选的诗歌大多是唐宋时期的名家名作，易学好懂，题材多样，广泛地反映了唐宋时期的社会现实，因此在民间流传非常广泛，影响也非常深远。本次精选名篇结集出版。

本书编选具有如下特点：

一、选材严谨与广泛。本书所选的蒙学读物均为中华传统文化的精粹，蕴含丰富的历史文化知识，便于青少年诵读和记忆，且内容健康有益。

二、力求译注严谨。每一部蒙学读物，编者均取博采名家之长的原则，分析对比，反复诵读，力争使译注忠实于原作者的创作意图，便于读者正确学习、正确理解，以便取其精华。

三、注重版本的权威性。我们本次所选编的版本大多采用名家、名社出版的资料，为了注重权威性，且对照不同版本做了大量校注工作。

本书虽不能反映中国古代蒙书的全貌，但所编选的三部均为古代蒙学名著，因此本书具有一定的资料性、实用性和可读性。

编者在选编、注释时，广泛参考资料，借鉴了一些新近出版的蒙学读物，博来众家之长，并对一些资料进行了引用，在此一并表示谢意。

目录

了凡四训
明·袁了凡 著

【题解】

《了凡四训》是明朝袁了凡所作的家训，以教诫他的儿子袁天启，认识命运的真相，明辨善恶的标准，掌握改过迁善的方法，以及做人行事要行善积德、谦虚谨慎。本书在明清两代被奉为蒙丛至宝。该书也是清末重臣曾国藩所推崇的人生智慧书，被其列为子侄必读之作。

袁了凡，本名袁黄，字庆远，又字坤仪、仪甫，江苏吴江人。其初号学海，后改了凡，年轻时入赘到浙江嘉善姓殳的人家，后成为嘉善县公读生。他于明穆宗隆庆四年（1570年）中举；明神宗万历十四年（1586年）考中进士，奉命到河北宝坻做知县。过了七年被提升为兵部职方司的主管人，任中恰逢倭寇侵犯朝鲜，朝鲜向明朝求救兵。当时的经略（驻朝鲜军事长官）宋应昌奏准了凡为军前赞画（参谋长），谋划平壤大捷，一举扭转战局。后罢归乡里，著书立说。

袁了凡博学多才，涉猎极广，为『文理全才』式人物。他是明朝著名的农学家、水利学家及历法学家，在佛学、农业、民生、水利、医学、音乐、几何、数术、教育、军事、历法和太乙六壬奇门『三式』绝学等领域，均造诣颇深。袁了凡一生生活俭朴，每天修习止观，不管事务再忙，笔耕不辍。写下四篇短文，当时命名为《诫子文》，用来训诫他的儿子。这就是后来广行于世的《了凡四训》。

如今，《了凡四训》中部分内容已不合时宜，本次出版，去其糟粕，取其精华，凸显其劝善勤学之义。希望对广大读者有所裨益。

第一篇　立命之学

【原文】

余童年丧父，老母命弃举业学医，谓可以养生，可以济人，且习一艺以成名，尔父夙心也。

【译文】

我童年时父亲去世，母亲叫我放弃求取功名的学业转学医术，说是可以维持生计，可以帮助他人，而且学成一种技艺以树立名声。这是你父亲一向的心愿啊！

【原文】

后余在慈云寺，遇一老者，修髯伟貌，飘飘若仙，余敬礼之。语余曰：『子仕路中人也，明年即进学，何不读书？』

【译文】

后来我在慈云寺遇到一位老人，留着长须，相貌非凡，身体轻健，仙风道骨。我恭敬地向他作礼。他对我说：『你应是官场中人，明年就要中秀才了，为什么不读书呢？』

【原文】

余告以故，并叩老者姓氏里居。曰：『吾姓孔，云南人也。得邵子《皇极数》正传，数该传汝。』

【译文】

我告知他原因，并询问他的姓名，家住哪里。他回答我说：『我姓孔，云南人，得到邵雍的《皇极经世书》正宗真传，按道理该传授给你。』

【原文】

余引之归，告母。母曰：『善待之。』

【译文】

于是我带他回家，把因由告诉了母亲。母亲说：『你要好好招待他。』

【原文】

余遂启读书之念，谋之表兄沈称，言：『郁海谷先生，在沈友夫家开馆，我送汝寄学甚便。』，余遂礼郁为师。

【译文】

于是我就动了读书的念头，与我的表哥沈称商量。表哥说：『我的好朋友郁海谷先生在沈友夫家里开私塾，我送你去他那里寄宿读书很方便。』于是我便拜了郁海谷先生为老师。

【原文】

贡入燕都，留京一年，终日静坐，不阅文字。己巳归，游南雍，未入监，先访云谷，会禅师于栖霞山中，对坐一室，凡三昼夜不瞑目。

【译文】

等我当选了『贡生』，按照规定，要在京城待一年，我一天到晚静坐，不看书。到了己巳年（1569年）回到南京，在没有进南京国子监之前，先到栖霞山去拜见云谷禅师。我同禅师面对面坐在一间禅房里，三天三夜没睡。

【原文】

云谷问曰：『凡人所以不得作圣者，只为妄念相缠耳。汝坐三日，不见起一妄念，何也？』。

【译文】禅师问我："凡夫所以不能成为圣人，只因为脑中充满杂念，你坐了三天，不见你有一个杂念，这是怎么一回事呢？"

【原文】**余曰："荣辱生死，皆有定数，即要妄想，亦无可妄想。"**

【译文】我答道："荣辱死生都有定数，即使要妄想，也是没有用处的。"

【原文】**云谷笑曰："我待汝是豪杰，原来只是凡夫。"**

【译文】禅师笑着说："我以为你是豪杰，原来是个凡夫俗子。"

【原文】**问其故？**

【译文】我问他为什么这么说？

【原文】**曰："人未能无心，终为阴阳所缚，安得无数？但惟凡人有数；极善之人，数固拘他不定；极恶之人，数亦拘他不定。汝二十年来，不曾转动一毫，岂非是凡夫？"**

【译文】云谷禅师道：平凡的人不能没有功利之心，那就要被天地束缚住了，怎么会没有命数？但只有平庸之人才有命数；但是只有平常的人，会被数所束缚。若是一个极善的人，命数就拘束不住他；极恶的人，命数也拘束不住他，你

近来的二十年不曾想改变一分一毫。难道你不是一个凡夫俗子吗？

【原文】**余问曰：『然则数可逃乎？』**

【译文】我就问他：『那么，这个数能变得了吗？』

【原文】**曰：『命由我作，福自己求。诗书所称，的为明训。』**

【译文】禅师说：『人生由自己塑造，福由自己争取。这是从前各种诗书中指出的，实在是真理。』

【原文】**余进曰：『孟子言：「求则得之」，是求在我者也。道德仁义，可以力求；功名富贵，如何求得？』**

【译文】我再问他：『孟子说：「努力就会有收获。」是对个人能力而言，道德和仁义可以自己努力加强，功名富贵怎么争取呢？』

【原文】**云谷曰：『孟子之言不错，汝自错解耳。汝不见**

六祖说：「一切福田，不离方寸；从心而觅，感无不通。」求在我，不独得道德仁义，亦得功名富贵；内外双得，是求有益于得也。若不反躬内省，而徒向外驰求，则求之有道，而得之有命矣，内外双失，故无益。』

【译文】

禅师说：『孟子的话没有错，是你自己错误理解了。你不知道六祖说过：「一切的幸福境界离不开自己的心，能从自己的心田去找它，没有不感通的。」求不求在于自己，如果发自内心的专诚去求，不但能得到道德和仁义，还可以得到功名和富贵。内外双得，那才算是有益的求，倘若一个人，不能自己检讨反省，而只是盲目地向外面追求名利福寿，因此得与不得，只有听天由命，那岂不是内外双失么？所以乱求是毫无益处的。』

【原文】

云谷曰：『汝自揣应得科第否？应生子否？』

【译文】

他说：『你自己觉得会不会登科及第？你自己应该有儿子吗？』

【原文】

余追省良久，曰：『不应也。科第中人，有福相。

余福薄，又不能积功累行，以基厚福；兼不耐烦剧，不能容人；时或以才智盖人，直心直行，轻言妄谈。凡此皆薄福之相也，岂宜科第哉？』

【译文】

我考虑了很久，回答道：『我想，我是都不应该得到的。因为科第中人大抵都是有福相的。我生来福薄，又不能积功累德以增福，而且讨厌繁琐劳累，不能宽以待人；经常以自己的才智压别人一头，率意行事，轻易发言。像这样的作风都是薄福之相，怎么能有助于科第功名呢？

【原文】

『地之秽者多生物，水之清者常无鱼。余好洁，宜无子者一；和气能育万物，余善怒，宜无子者二；爱为生生之本，忍为不育之根，余矜惜名节，常不能舍己救人，宜无子者三；多言耗气，宜无子者四；喜饮铄精，宜无子者五；好彻夜长坐，而不知葆元毓神，宜无子者六。其余过恶尚多，不能悉数。』

【译文】

污秽的土地里容易滋长生物，清澈的水里往往没有鱼，而我却过于洁身自好，这是不应有子的第一点；和气能生长万物，可是我却很容易发怒，这是我不应有子的第二点；热情是生生不息的根本，隐忍冷淡是不繁育的根本，我又过于爱惜自己的名节，不能舍己救人，这是我不应有子的第三点；多说话耗费气力，而我喜发议论，信口开河，这是我不应有子的第四点；喜欢喝酒，损伤精神，这是我不应有子的第五点；喜欢熬夜不睡，不知道保养元气，这是我不应有子的第六点。其他的坏习惯还多着呢，不能一一都列举出来了。』

【原文】

云谷曰：**『岂惟科第哉？世间享千金之产者，定是千金人物；享百金之产者，定是百金人物；应饿死者，定是饿死人物。天不过因材而笃，几曾加纤毫意思。**

【译文】

禅师说：『岂止是科第功名的问题啊！世界上凡是享受千金财产的人，那他一定是个千金的人物；享有百金财产

的人，他一定是个百金的人物；应该饿死的，那他一定是个饿死的人物。上天不过是因他的操行厚薄，所作的善恶业轻重，而给他以应得的果报，何曾在应得份上再加上一丝一毫的用意呢？

【原文】

『即如生子，有百世之德者，定有百世子孙保之；有十世之德者，定有十世子孙保之；有三世二世之德者，定有三世二世子孙保之；其斩焉无后者，德至薄也。

【译文】

『就像生儿子，一个人积了一百代的功德，就一定有一百代的子孙来保住他的福；积了十代的功德，就一定有十代的子孙来保住他的福；积了三代或者两代的功德，就一定有三代或者两代的子孙来保住他的福。至于那些只享了一代的福，到了下一代就绝后的人，那是他功德极薄的缘故。

【原文】

『汝今既知非，将向来不发科第，及不生子之相，尽情改刷。务要积德，务要包荒，务要和爱，务要惜精神。从前种种，譬如昨日死；从后种种，譬如今日生。此义理再生之身。

【译文】「现在你既然知道自己的缺点，就应该把一直以来不合登科第，不合有子的作为，一律改掉。一定要积德，一定要宽恕并原谅别人的短处，一定要和气、有爱心，一定要爱惜精气元神！从前种种，譬如昨日已死；以后种种，譬如今日出生。能够做到这样，就是你重新再生了一个义理道德的生命了。

【原文】「**夫血肉之身，尚然有数；义理之身，岂不能格天？《太甲》曰：「天作孽，犹可违；自作孽，不可活。」**

【译文】「我们这个血肉之躯，尚且还有一定的数，而义理的、道德的生命，哪有不能感动上天的道理？书经太甲篇上面说：「上天降给你的灾害，还可以避开；若是自己做孽，就不能活在世上了。」

【原文】「**《诗》云：「永言配命，自求多福。」**

【译文】「《诗经》上也讲：人应该时常想到自己的所作所为合不合乎天道，很多福报，全在自己去努力。

【原文】「**《易》为君子谋，趋吉避凶；若言天命有常，吉何可趋，凶何可避？开章第一义，便说：「积善之家，必有余庆。」汝信得及否？」**

【译文】「《易经》上也有对宅心仁厚、有道德之人的指教，要尽量往吉利的方面发展而尽量避开凶险的方面。如果说命运是不能改变的，那么吉利又怎么可以趋向，凶险又怎么可以避免呢？《易经》开头第一章就说：「经常行善的家庭必定吉庆有余。」这个道理，你信得过吗？」

【原文】余信其言，拜而受教。

【译文】我信服云谷禅师的话，并且拜谢他的指教。

【原文】云谷出功过格示余，令所行之事，逐日登记；善则记数，恶则退除。

【译文】云谷禅师拿出记录功过的表格本册给我看，叫我照着功过格所订的方法把握，所做的一切事，不论是善是恶，每天都要记录在功过格上：做了好事记下数字，做了不好的事从数字中扣除。

【原文】孟子论立命之学，而曰：『夭寿不贰。』夫夭与寿，至贰者也。当其不动念时，孰为夭，孰为寿？细分之，丰歉不贰，然后可立贫富之命；穷通不贰，然后可立贵贱之命；夭寿不贰，然后可立生死之命。人生世间，惟死生为重，曰夭寿，则一切顺逆皆该之矣。

【译文】孟子讲立命的道理说：『短命和长寿没有太大的区别。』明明短命和长寿完全不同，怎样会一样呢？当人不动思虑时，什么是天折，什么是长寿。如果把立命这两个字细分来讲，丰收与歉收没有区别，然后便立下贫穷与富有的天命；困窘与腾达没有区别，然后立下尊贵与低贱的天命。天折与长寿没有区别，然后立下生与死的天命。人生在世，只有这生死问题最为重大，所以说短命与长寿都没有两样，那么此外一切的顺境与逆境都可以包括在内了。

【原文】至修身以俟之，乃积德祈天之事。曰修，则身有过恶，皆当治而去之；曰俟，则一毫觊觎，一毫将迎，

皆当斩绝之矣。到此地位，直造先天之境，即此便是实学。

【译文】

至于孟子所说『修身以俟之』，是努力提高自己的品格修养，每天努力以自己的积德行善向上天表明心迹。每日都修身，若是自己曾有大恶，也应全部修正与清理；说等待，则一丝邪念、一分懈怠，都应去除干净了。到这个境界，直接重塑了先天的处境，到了这一步，就是有了确实学问。

【原文】

余初号学海，是日改号了凡。盖悟立命之说，而不欲落凡夫窠臼也。

【译文】

我起初的号叫学海，但自从那一天起就改号叫了凡。因为我明白了立命的道理，不愿意落入凡夫俗子的老一套。

【原文】

从此而后，终日兢兢，便觉与前不同。前日只是悠悠放任，到此自有战兢惕厉景象。

【译文】

从此以后，整天小心谨慎，自己就觉得和从前不一样了：从前只是无拘无束，随心所欲。到了现在自然有一种小心谨慎，战战兢兢谨慎恭敬的样子。

【原文】

然行义未纯，检身多误，或见善而行之不勇；或救人而心常自疑；或身勉为善而口有过言；或醒时操持而醉后放逸。以过折功，日常虚度。

【译文】

但是我检讨自身，做好事还不够自觉，还是有许多的不足。有时看见可做的好事，但还不能果断去做；或者帮助别人时，心里常常犹豫；有时虽然努力做善事，但是常说犯过失的话；有时我在清醒的时候，还能把持住自己，但是酒醉后就放肆了。虽然常做善事积些功德，但是却说些抱怨的话；或者清醒时对自己要求严，但酒后则管不住自己，言行放纵。功过相抵，实际上经常虚度光阴。

【原文】

自己巳岁发愿，直至己卯岁，历十余年，而三千善行始完。

【译文】

从己巳年（公元1569年）发愿要做三千件的善事，直到己卯年（公元1579年），经过十多年，才把要做三千件善事的心愿完成。

【原文】

时方从李渐庵入关，未及回向。庚辰南还，始请性

空、慧空诸上人，就东塔禅堂回向。遂起求子愿，亦许行三千善事。辛巳，生男天启。

【译文】那时，我刚和李渐庵先生回到关内，没来得及还愿。到了庚辰年（公元1580年），我从北京回到了南方，方才请了性空、慧空两位有道的大和尚，借东塔禅堂完成了这一心愿。这时，我又起了求生儿子的心愿，再次许下了做三千件善事的大愿。到了辛巳年（公元1581年），生了个儿子，取名叫天启。

【原文】**余行一事，随以笔记。汝母不能书，每行一事，辄用鹅毛管，印一朱圈于历日之上。或施食贫人，或买放生命，一日有多至十余圈者。**

【译文】我每做了一件善事，随时都用笔记下来。你母亲不会写字，每做一件善事，则用鹅毛管印一个红圈在日历上。或是送食物给穷人，或买活的动物放生，有时一天多到印十几个红圈。

【原文】**余置空格一册，名曰『治心篇』。晨起坐堂，家人携付门役，置案上，所行善恶，纤悉必记。**

【译文】准备了一本带空格的记事本，我给它起名为『治心篇』。每天早晨起来，坐堂办公的时候，叫家里人将这个记事本带来交给县衙看门人，放在办公桌上。每天所做的善事恶事，即使再小，也一定要记在上面。

【原文】**吾于是而知，凡称祸福自己求之者，乃圣贤之言；若谓祸福惟天所命，则世俗之论矣。**

【译文】我由此方知，凡是讲人的祸福，都是自己求来的，这些确实是圣贤所说的话。如果说祸福都是上天注定的，那是世上庸俗浅薄之人所讲的。

【原文】

汝之命，未知若何？即命当荣显，常作落寞想；即时当顺利，常作拂逆想；即眼前足食，常作贫窭想；即人相爱敬，常作恐惧想；即家世望重，常作卑下想；即学问颇优，常作浅陋想。

【译文】

你的命，不知究竟怎样？就算命中应该荣华发达，还是要常常当作不得意来想；就算碰到顺当吉利的时候，还是要常常当作不称心来想；就算眼前有吃有穿，还是要当作没钱用，没有房子住来想；就算别人喜欢你，敬重你，还是要常常当作戒慎恐惧来想；就算你家世代有大声望，还是要常常当作家庭寒微来想；就算你学问高深，还是要常常要当作才疏学浅来想。

【原文】

远思扬祖之德，近思盖父母之愆；上思报国之恩，下思造家之福；外思济人之急，内思闲己之邪。

【译文】

讲到远，应该要想把祖先的品德传扬开来；讲到近，应当想弥补父母曾有的过失；讲到向上，应该要想报答国家的恩惠；讲到对下，应该要想造一家之福；说到对外，应该要想救济别人的急难；说到对内，应该要想预防自己的邪念和恶行。

【原文】

务要日日知非，日日改过。一日不知非，即一日安于自是；一日无过可改，即一日无步可进。天下聪明俊秀不少，所以德不加修，业不加广者，只为『因循』二字，耽阁一生。

【译文】

要每天知道自己的过失，并及时纠正。一天不知道自己的过失，就一天安于现状；如果每天都无过可改，就是每天都没有进步。天底下聪明过人的人很多，但凡是道德上不能提高，功业不能发展的，都只是因为『因循』这两个字，得过且过，不思进取，最终耽搁了他们的一生。

【原文】云谷禅师所授立命之说，乃至精至邃、至真至正之理，其熟玩而勉行之，毋自旷也。

【译文】云谷禅师所教立命的道理，实在是最精辟、最深广、最真最正的道理，希望你要细细研究，还要尽心尽力去做，千万不可把大好的光阴虚度过去。

第二篇 改过之法

【原文】

春秋诸大夫，见人言动，亿而谈其祸福，靡不验者，《左》、《国》诸记可观也。

【译文】

在春秋时代，当时各国的士大夫常能观察从一个人的言语、行动，就可以判断出这个人可能遭遇到的吉凶祸福，并且没有不灵验的。这都可以在《左传》和《国语》等史书中看得到。

【原文】

大都吉凶之兆，萌乎心而动乎四体。其过于厚者常获福，过于薄者常近祸，俗眼多翳，谓有未定而不可测者。

【译文】

大凡吉祥和凶险的预兆，都是先从心里萌发出来，然后表现到全身四肢上。凡是厚道之人，一定时常得福；刻薄之人，一定时常近祸。一般人没有见识，就说祸福不定，而且是无法预测的。

【原文】

至诚合天。福之将至，观其善而必先知之矣；祸之将至，观其不善而必先知之矣。今欲获福而远祸，未论

行善，先须改过。

【译文】诚信之道合乎天理，一个人若能诚信处世，福就会自然降临。因此观察一个人，只要看他的行为都是善的，就可以预知他的福就会来了；相反，观察一个人，只要看他的行为都是不善的，就可以预知他的祸就要来了。人若是想得福报而远离灾祸，先不说为别人做善事，而要先把自己的过失改掉。

【原文】**但改过者，第一，要发耻心。思古之圣贤，与我同为丈夫，彼何以百世可师？我何以一身瓦裂？**

【译文】但凡想要改过的人，第一要发『羞耻心』。想想古时候的圣贤，和我一样都是大丈夫，为什么他们可以流芳百世，为人师表。而我为什么这一生就搞得身败名裂呢？

【原文】**耽染尘情，私行不义，谓人不知，傲然无愧，将日沦于禽兽而不自知矣。**

【译文】这都是因为自己受到种种坏环境的污染，偷偷做出种种不义之事，自己还以为旁人不知道，毫无惭愧之心，就这样一天天地沦落为禽兽，自己却还不知道。

【原文】**世之可羞可耻者，莫大乎此。孟子曰：『耻之于人大矣。』以其得之则圣贤，失之则禽兽耳。此改过之要机也。**

【译文】世界上令人可羞可耻的事情没有比这个更大的了。孟子说：『一个人最大的事情就是明白这个耻字。』晓得这个耻字，就可以成为圣贤。若不晓得这个耻字，就会沦为禽兽。这些话都是改过的真正秘诀。

【原文】第二，要发畏心。天地在上，鬼神难欺。吾虽过在隐微，而天地鬼神，实鉴临之。重则降之百殃，轻则损其现福。吾何可以不惧？

【译文】改过的第二个方法就是要有恐惧之心。要知道天地鬼神都在我们的头上，它们是不容易被欺骗的。我虽然在大家看不到的地方犯错，但是实际上天地鬼神就像镜子那样照着我。过失重的，会有种种灾祸降临。就算过失轻的，也要减损现在的福分。我怎么能不怕呢？

【原文】不惟此也。闲居之地，指视昭然。吾虽掩之甚密，文之甚巧，而肺肝早露，终难自欺。被人觑破，不值一文矣。乌得不懔懔？

【译文】不只是像前面所说的那些，即使在没人的地方也要时时的检点，因为神明会看得清清楚楚。我虽然把过失遮盖得十分严密，掩饰得十分巧妙，但在神明看来，我的肺肝早已被看透，到最后还是没有办法欺骗自己。若是被旁人看破，这个人就一文不值了。所以又怎么能不常存着一颗戒慎恐惧之心呢？

【原文】不惟是也。一息尚存，弥天之恶，犹可悔改。古人有一生作恶，临死悔悟，发一善念，遂得善终者。

【译文】不仅如此，一个人只要一口气还在，就算是犯下滔天大罪还是可以悔改的。古时候有个人做了一辈子的恶事，到他快死的时候幡然悔悟，发了一个很大的善念，就立刻得到了善终。

【原文】谓一念猛厉，足以涤百年之恶也。譬如千年幽谷，一灯才照，则千年之暗俱除。故过不论久近，惟以改

为贵。

【译文】

这就是说，人若是在紧要关头能够转一个非常痛彻又勇猛的善念，便可以把百年所积的罪恶洗刷干净。犹如千年黑暗的山谷，只要有一盏灯照了进去，光明所到之处就可以把千年来的黑暗完全驱除。所以过失不论长久，只要能改就是很可贵的。

【原文】

但尘世无常，肉身易殒，一息不属，欲改无由矣。

【译文】

但世间幻灭无常，我们这个血肉之身是非常脆弱容易死的。只要一口气喘不过来，到那个时候就是想改也没办法改了。

【原文】

明则千百年担负恶名，虽孝子慈孙，不能洗涤；幽则千百劫沉沦狱报，虽圣贤佛菩萨，不能援引。乌得不畏？

【译文】

因此，明的报应，在阳间你要承担千百年的恶名，即使你有孝顺的儿子和可爱的孙子，也不能替你洗清恶名；暗的报应，在阴间还要沦落在地狱里受万劫不复的大苦。

虽然碰到圣人、贤人、佛、菩萨也不能救助你，怎么能不怕呢？

【原文】**第三，须发勇心。人不改过，多是因循退缩。吾须奋然振作，不用迟疑，不烦等待。**

【译文】第三，一定要有勇猛心。一个人有了过失还不肯改，都是因为得过且过，退缩不前的缘故。要知道若要真心改过，就一定要下定决心，振作精神，当下就改，决不能迟疑和等待。

【原文】**小者如芒刺在肉，速与抉剔；大者如毒蛇啮指，速与斩除，无丝毫凝滞。此风雷之所以为益也。**

【译文】小的过失，像尖刺戳在肉里，要尽快拔除；大的过失，像毒蛇咬到手指头一样的厉害，要立即切掉被蛇咬伤的手指头，不可有丝毫的迟疑和耽误。就像易经中的益卦所讲，风起雷动，万物都生长起来，利益是如此之大。

【原文】**具是三心，则有过斯改。如春冰遇日，何患不消乎？然人之过，有从事上改者，有从理上改者，有从心上改者。工夫不同，效验亦异。**

【译文】如果能具备以上所说的羞耻心、敬畏心、勇猛心这三种心，那么就能有过即改了。就像春天的薄冰碰到太阳光一样，还怕不融化吗？但要改过，有的人从事情本身上改，有的人从道理上改，有的人从心念上改。用不同的方法改过，所得到的效验也自然不同。

【原文】**如前日杀生，今戒不杀；前日怒詈，今戒不怒。此就其事而改之者也。强制于外，其难百倍，且病根终在，东灭西生，非究竟廓然之道也。**

【译文】譬如前天杀生，今天起就不再杀生了；前天发火骂了人，今天起就不再发火了。这是一种就事论事的改过方法。但是勉强压住不再犯，比懂得道理后自然而然地改正，要难千百倍。并且这犯过的病根没有去掉，今天没犯明天又犯了，究竟不是干净彻底的改过方法。

【原文】

善改过者，未禁其事，先明其理。如过在杀生，即思曰：上帝好生，物皆恋命，杀彼养己，岂能自安？

【译文】

肯努力改过的人，在他没有禁止做这件事之前，先要明白这事不能做的道理。譬如一个人所犯的过失在杀生，那么他先应该想到：上天有好生之德，凡是有生命的，万物皆爱生命。杀掉别的生命来养我的身体，难道能心安理得吗？

【原文】

且彼之杀也，既受屠割，复入鼎镬，种种痛苦，彻入骨髓。己之养也，珍膏罗列，食过即空。疏食菜羹，尽可充腹，何必戕彼之生，损己之福哉？

【译文】

况且有些动物，被屠宰之后又放进锅里烧，这样的痛苦一直要透到骨髓里。而供养自己，虽然各种美食摆满一桌，但是一经吃过便什么都没有了。要晓得人吃粗粮菜汤等也能吃得饱，何必一定要去伤害生命，减少自己的福报呢？

【原文】

又思血气之属，皆含灵知。既有灵知，皆我一体。纵不能躬修至德，使之尊我亲我，岂可日戕物命，使之仇我憾我于无穷也？一思及此，将有对食痛心，不能下咽者矣。

【译文】

又想到凡是有血气的东西都有灵性知觉的。既然都有灵性知觉，那么它们和你我就都是一样的了。即使自己不能修到道德极高的地步，使他们都来尊重和亲近我，那我又怎能天天伤害生命，使它们与我结仇，恨我到永无尽期呢？如果能想到这些道理，那就会面对桌上有血肉、有生命的菜肴时，自然觉得伤心而不能下咽了。

【原文】

如前日好怒，必思曰：人有不及，情所宜矜；悖理相干，于我何与？本无可怒者。

【译文】

譬如像以前喜欢发怒，就应该想到：人各有各的长处，也各有各的短处。碰到他人短处，按情理应该哀怜他的苦恼，原谅他的短处。若是有人不讲道理冒犯了我，与我有什么关系呢？本来就没什么怒可以发的呀！

【原文】

又思天下无自是之豪杰，亦无尤人之学问。行有不得，皆己之德未修，感未至也。吾悉以自反，则谤毁之来，皆磨炼玉成之地，我将欢然受赐，何怒之有？

【译文】

又想到天下绝对没有自以为什么错都没有的英雄豪杰，

也绝对没有怨恨旁人的学问。一个人做事处处不能称心，都是因为自己的道德没修好，感动人的心不够。正确的做法应该是反过来自我全面反省，那么别人毁谤我，反而都变成磨炼并成就我的反面教育方式了，所以我将欢欢喜喜地接受别人的批评，还会有什么怨恨呢？

【原文】

又闻谤而不怒，虽谗焰熏天，如举火焚空，终将自息；闻谤而怒，虽巧心力辩，如春蚕作茧，自取缠绵。怒不惟无益，且有害也。

【译文】

还有，听到别人说我坏话而不生气。尽管坏话说得像火光熏天，也不过像拿火去烧天空一般，终归是要熄灭的；若是听到别人说坏话就生气，虽然你用尽心思去辩解，结果却像春蚕作茧自缚，自讨苦吃。所以生气不仅无益，并且还是有害的。

【原文】

其余种种过恶，皆当据理思之。此理既明，过将自止。

【译文】

至于其他种种过失和罪恶，也都应该依此道理进行思考，如上边所说的种种道理能够想明白，那就自然而然地不会犯过失了。

【原文】

何谓从心而改？过有千端，惟心所造。吾心不动，过安从生？学者于好色、好名、好货、好怒，种种诸过，不必逐类寻求。但当一心为善，正念现前，邪念自然污染不上。

【译文】

怎样叫做从心里改过呢？人的过失有千万种，都是从心上造出来的。若我的心不动，那么过失还会从何处生出来呢？凡是读书人，或是喜欢女色，或是喜欢名声，或是喜欢财物，或是喜欢发火，像这样种种的过失，不必一类

一类的去寻求消除的方法。只要一心一意地发善心，做善事，正的念头出现在前，那么邪的念头自然就污染不上了。

【原文】

如太阳当空，魍魉潜消，此精一之真传也。过由心造，亦由心改，如斩毒树，直断其根，奚必枝枝而伐，叶叶而摘哉？

【译文】

犹如艳阳当空而照，所有的妖魔鬼怪自然就会消失，这就是最精纯而唯一的真正诀窍。须知道过失全部是由这颗心造成的，那么就应该由心上来改，如同斩除毒树一样，要连根铲除，何必要一枝一枝地去剪，一叶一叶地去摘呢？

【原文】

大抵最上者治心，当下清净。才动即觉，觉之即无。苟未能然，须明理以遣之。又未能然，须随事以禁之。以上事而兼行下功，未为失策。执下而昧上，则拙矣。

【译文】

改过的上策是修心，使心立刻清净。若能修心，坏念头一动自己就能发觉，发觉后坏念头便消失了。若是不能这样，那么一定要明白所犯过失的理由并自觉把这种犯过的念头去掉。若是还不能这样，那么只好碰到犯过时用勉强压住的方法来禁止不犯。如果用修心的上等方法，并兼用明理与禁止这两种修心的下等方法，来约束自己的念头，也不失是个好方法。若是坚持只用下等功夫，反而把上等功夫忽略不用，那就是最蠢不过的了。

【原文】

顾发愿改过，明须良朋提醒，幽须鬼神证明。一心忏悔，昼夜不懈，经一七、二七，以至一月、二月、三月，必有效验。

【译文】

但发愿改过，明处要有真正的益友提醒你，暗处要有鬼神替你证明。还要一心一意的虔诚忏悔，从早到晚，从日到夜，绝不放松。忏悔经过一、两个七天，直到一个月、两个月、三个月……这样忏悔下去，一定会有效验的。

【原文】

或觉心神恬旷；或觉智慧顿开；或处冗沓而触念皆通；或遇怨仇而回嗔作喜；或梦吐黑物；或梦往圣先贤，提携接引；或梦飞步太虚；或梦幢幡宝盖，种种胜事，皆过消灭之象也。然不得执此自高，画而不进。

【译文】

有时候你或许觉得精神上很愉快；或觉得忽然智慧大开；或是虽然处在繁冗纷乱之际心中仍清清朗朗，无所不通；或碰到怨家仇人而能转怒为喜；或是在梦里，感觉吐出黑的东西来；或是梦到古时候的圣贤来提拔我，牵引我；或是梦见自己会飞到太空中去，逍遥自在；或是梦见各种彩旗以及装饰珍宝的伞盖，这种种好事，都是过失消除罪孽灭去的好征兆。但是也不能因为碰到这些好征兆就自己以为了不起，而阻断了再上进的途径。

【原文】

昔蘧伯玉当二十岁时，已觉前日之非而尽改之矣。至二十一岁，乃知前之所改未尽也。及二十二岁，回视二十一岁犹在梦中。岁复一岁，递递改之。行年五十，而犹知四十九年之非，古人改过之学如此。

【译文】

春秋时代卫国的大夫蘧伯玉在二十岁的时候，已经能

时时反省自己过去的过失并全部改掉了。到了二十一岁的时候，又觉得以前所改的过失并不彻底。到了二十二岁时，再回忆二十一岁时还像在梦中一般。就像这样一年一年的过去，一年一年的逐步改过，直到五十岁那年，还觉得过去的四十九年都是有过失的。古人对于改过的学问，就是如此用心和讲究。

【原文】

吾辈身为凡流，过恶猬集。而回思往事，常若不见其有过者，心粗而眼翳也。

【译文】

我们都是凡人，过错就像刺猬身上的刺一样，满身都是。而回想往事，我们却常常像看不到自己有什么过失，这实在都是因为粗心，又像眼睛里长了白内障，自然看不到自己天天在犯过错了。

【原文】

然人之过恶深重者，亦有效验：或心神昏塞，转头即忘；或无事而常烦恼；或见君子而赧然相沮；或闻正论而不乐；或施惠而人反怨；或夜梦颠倒，甚则妄言失志。皆作孽之相也。

【译文】

但是，一个人的过失或罪恶深重到了相当的地步，也

有证据可以看出来：比方说有些是心思混乱，随便什么事转头就忘记了；或者是不值得烦恼的事，也常常感觉非常烦恼；或者是见到品德高尚的君子，便觉得难为情，垂头丧气；或者是听到光明正大的道理，反倒觉得不欢喜；或者是有恩惠给别人，对方不领情反而怨恨你；或者是夜里都做些颠颠倒倒的恶梦，甚至语无伦次失掉平常的模样。像这样种种不正常的现象，都是作孽的后果啊！

【原文】

苟一类此，即须奋发，舍旧图新，幸勿自误。

【译文】

假使你有上边所说的类似情形，就应该即刻奋发向上，把旧的种种过失一齐改掉，而重新开辟一条新的人生大道，希望你千万不可自己耽误自己啊！

第三篇　积善之方

【原文】

《易》曰：『积善之家，必有余庆。』昔颜氏将以女妻叔梁纥，而历叙其祖宗积德之长，逆知其子孙必有兴者。

【译文】

《易经》上说：『积善的家庭，一定会有很多喜庆的事。』从前春秋时代的鲁国有一户姓颜的人家，要把他的女儿许配给孔子的父亲，因此就将孔家所作的事情，一件一件都提出来，发觉孔家祖先所积的德不仅多而且长久，所以预知孔家的子孙将来必定会出了不起的人物而且会兴旺很久（后来果然生出了孔子这么一位大圣人）。

【原文】

孔子称舜之大孝，曰：『宗庙飨之，子孙保之。』皆至论也。试以往事征之。

【译文】

孔子曾称赞舜的孝行说：『像舜这样的大孝，不但祖先要享受他的祭祀，并且他的世世代代子孙可以保住他的福德。』这都是非常确实的说法啊！现在我试着以过去发生的真实事情，来证明积善的功德。

【原文】

杨少师荣，建宁人。世以济渡为生。久雨溪涨，横流冲毁民居，溺死者顺流而下，他舟皆捞取货物，独少师曾祖及祖，惟救人，而货物一无所取，乡人嗤其愚。逮少师父生，家渐裕。有神人化为道者，语之曰：『汝祖父有阴功，子孙当贵显，宜葬某地。』遂依其所指而窆之，即今白兔坟也。后生少师，弱冠登第，位至三公，加曾祖、祖、父，如其官。子孙贵盛，至今尚多贤者。

【译文】

有一位做过少师的人，姓杨名荣，是福建建宁人。他家世代以摆渡为生。有一次，雨下得太久，溪水满涨，洪水把民房都冲毁了，被淹死的人顺流而下。别的船家都去捞取水中漂来的各种财货，只有少师的曾祖父和祖父却专门去

救水里漂来的灾民，而财物一件都不捞，乡人都讥笑他们是傻瓜。

等到少师的父亲出生后，家道也渐渐富裕了。有一位神仙化做道士，对少师的父亲说：『你的祖父和父亲都积了许多阴功，所生的子孙应该会发达做大官，因此等到你的父亲百年后可将他葬在某个地方。』少师的父亲就按道士的指点，把他的祖父和父亲葬在那个地方。这座坟就是现在大家所知道的白兔坟。后来少师出生了，到了二十岁就中了进士。一直升迁到位列三公。皇帝还追封他的曾祖父、祖父、父亲，与他一样的官位。少师的后代子孙非常兴旺，直到现在还有许多贤能之士。

【原文】

鄞人杨自惩，初为县吏，存心仁厚，守法公平。时县宰严肃，偶挞一囚，血流满前，而怒犹未息，杨跪而宽解之。宰曰：『怎奈此人越法悖理，不由人不怒。』

【译文】

浙江宁波人杨自惩，起初在县衙里做书办，心地非常厚道而且守法公平。当时的县官为人严厉，有一次问案打一个囚犯，一直打到血流到地上，而县官还是不息怒。杨自惩就跪请县官宽谅那个囚犯。县官说：『无奈这个囚犯不仅违犯法律，而且违背常理，让人不能不生气。』

【原文】

自惩叩首曰：『上失其道，民散久矣，如得其情，哀矜勿喜；喜且不可，而况怒乎？』宰为之霁颜。

【译文】

杨自惩边叩头边说：『大人，当今朝廷失道，人心已散很久了。我们审问案件若是审出实情，应该替他们伤心，而不是心生欢喜。既然欢喜都不可以，又怎么可以发火呢？』县官听了杨自惩的话，面容立即和缓下来。

【原文】

昔正统间，邓茂七倡乱于福建，士民从贼者甚众。朝廷起鄞县张都宪楷南征，以计擒贼。后委布政司谢都事搜杀东路贼党。谢求贼中党附册籍，凡不附贼者，密授以白布小旗，约兵至日，插旗门首，戒军兵无妄杀，全活万人。后谢之子迁，中状元，为宰辅。孙丕，复中探花。

【译文】

从前明朝英宗正统年间，土匪首领叫作邓茂七的人在福建一带造反。福建的读书人和老百姓跟随他造反的很多。朝廷起用曾经担任都御使的鄞县人张楷南征去剿匪，用计擒获邓茂七。后来张都宪又派了福建布政司的谢都事，去搜杀东路的土匪。谢都事向各处寻找依附贼党的名册，查出来凡是

没有依附贼党的人，就暗中交给他们一面白布小旗，与他们约定：等搜杀贼党的官兵到的那一天，就把这面白布小旗插在自己家门口，以禁止官兵滥杀。正因此种措施而避免被杀的人，大约有一万人。后来谢都事的儿子谢迁，中了状元，官做到宰相。他的孙子谢丕也中了探花（就是第三名的进士）。

【原文】

嘉兴屠康僖公，初为刑部主事，宿狱中，细询诸囚情状，得无辜者若干人。公不自以为功，密疏其事，以白堂官。后朝审，堂官摘其语，以讯诸囚，无不服者，释冤抑十余人。一时辇下咸颂尚书之明。

【译文】

浙江省嘉兴县有一位姓屠名康僖的人，起初在刑部做主事，夜里就住在监狱里，仔细询问囚犯，结果发现没罪而被冤枉的有不少人。但是屠公并不觉得自己有什么功劳，他秘密地把这件事写入公文上报了刑部堂官。后来到了朝廷秋审的时候，刑部堂官按屠公所提供的资料，摘出重点，来审问那些囚犯，囚犯们没有一个不心服口服的。堂官就把原来被冤枉的释放了十多人。一时间京城的百姓都称赞刑部尚书明察秋毫。

【原文】

公复禀曰：『辇毂之下，尚多冤民。四海之广，兆民之众，岂无枉者？宜五年差一减刑官，核实而平反之。』

【译文】

后来屠公又向堂官呈上一份公文说：『天子脚下尚且有那么多被冤枉的人，那么全国这样大的地方，千千万万的百姓怎么可能会没有被冤枉的人呢？因此应该每五年再派一位减刑官，到各地去进行核查。若是有被冤枉的，应该给他们平反。』

【原文】

嘉兴包凭，字信之。其父为池阳太守，生七子，凭最少，赘平湖袁氏，与吾父往来甚厚。博学高才，累举不第，留心二氏之学。

【译文】有一位嘉兴人，姓包，名凭，字信之。他的父亲做过安徽池州府的太守，生了七个儿子，包凭是最小的。他被平湖县姓袁的人家招赘做了女婿，与我父亲常常来往，交情很深。他的学问广博，才气很高，但每次考试都考不中，因此他很注意研究佛教、道教的学问。

【原文】**一日东游泖湖，偶至一村寺中，见观音像，淋漓露立，即解橐中十金，授主僧，令修屋宇。僧告以功大银少，不能竣事。复取松布四匹，检箧中衣七件与之，内纻褶，系新置，其仆请已之。**

【译文】有一天，他去东边的泖湖游玩，偶然到了一处乡村的佛寺里，看到观世音菩萨的圣像露天而立，被雨淋得很湿。当时就打开他的钱袋，取出十两银子，拿给这寺里的住持和尚，让他修理寺院房屋。和尚告诉他修寺的工程量很大，银子少不够用，无法完工。他又拿了松江出产的布四匹，再拿出竹箱里的七件衣服给和尚。这七件衣服里，有用麻织的料做的新衣，他的佣人让他不要再送了。

【原文】**凭曰：『但得圣像无恙，吾虽裸裎何伤？』僧垂泪曰：『舍银及衣布，犹非难事。只此一点心，如何易得。』**

【译文】包凭说：『只要观世音菩萨的圣像安然无恙，我就是赤身露体又有什么关系呢？』和尚听后流着眼泪说：『施送银两和衣服布匹，还不是件难事，只是这一点诚心实在是太难得了！』

【原文】**后功完，拉老父同游，宿寺中。公梦伽蓝来谢曰：『汝子当享世禄矣。』后子汴，孙柽芳，皆登第，做显官。**

【译文】后来房屋修好了，包凭就拉着他父亲同游这座佛寺，并且夜宿寺中。那天晚上，包凭梦到寺里的护法神来谢他说：『凭你做的这些功德，你的子孙后辈可以世世代代享受官禄了。』后来他的儿子包汴，孙子包柽芳，都中了进士，做了高官。

【原文】**嘉善支立之父，为刑房吏，有囚无辜陷重辟，意哀之，欲求其生。囚语其妻曰：『支公嘉意，愧无以报，明日延之下乡，汝以身事之，彼或肯用意，则我可生也。』其妻泣而听命。**

【译文】浙江省嘉善县有一个叫支立的人，他的父亲在县衙中的刑房当书办。有一个囚犯因为被人冤枉陷害，被判了死罪。支立的父亲很可怜他，想要替他向上面的长官求情免他不死。那个囚犯就对他的妻子说：『对支公的好意，我觉得很惭愧，却没法子报答。明天请他到乡下来，你就嫁给他，他或者会感念这份情谊，那么我就可能有活命的机会了。』他的妻子听后，只好边哭边答应了。

【原文】**及至，妻自出劝酒，具告以夫意。支不听，卒为尽力平反之。囚出狱，夫妻登门叩谢曰：『公如此厚德，晚世所稀，今无子，吾有弱女，送为箕帚妾，此则礼之可通者。』**

【译文】到了乡下，囚犯的妻子就自己出来向支书办劝酒，并把他丈夫的意思全部告诉了支书办。但是支书办不愿意这样做，不过他还是尽全力替这个囚犯把案子平反了。后来囚犯出狱，夫妻两个人一起到支书办家里叩头拜谢说：『您这样厚德的人现在实为罕见。如今您没有儿子，我有一个女儿，愿意送给您做扫地的小妾。这在情理上是可以说得通的。

【原文】

支为备礼而纳之，生立，弱冠中魁，官至翰林孔目。立生高，高生禄，皆贡为学博。禄生大纶，登第。

【译文】

支书办就预备了礼物，把这个囚犯的女儿迎娶为妾。后来生了一个儿子叫支立，才二十岁就中了举人的前茅，官做到翰林院的书记。后来支立的儿子叫做支高，支高的儿子叫支禄，都被举荐做州学县里的教官。而支禄的儿子支大纶，也考中了进士。

【原文】

凡此十条，所行不同，同归于善而已。若复精而言之，则善有真，有假；有端，有曲；有阴，有阳；有是，有非；有偏，有正；有半，有满；有大，有小；有难，有易，皆当深辨。为善而不穷理，则自谓行持，岂知造孽，枉费苦心，无益也。

【译文】

以上虽然每人所做的各不相同，不过行的都是一个善字罢了。若是要再精细的加以分类来说，那么做善事有真的，有假的；有直的，有曲的；有阴的，有阳的；有对的，有不对的；有偏的，有正的；有缺损的，有圆满的；有大的，有小的；有难的，有易的。这种种都各有各的道理，都应该要仔细的辨别。若是做善事，而不知道考究做善事的道理，就自夸自己怎样有功德，殊不知这不是在做善事，而是在造孽。这样做岂不是冤枉，白费苦心，得不到一点益处啊！

【原文】

何谓真假？昔有儒生数辈，谒中峰和尚，问曰：『佛氏论善恶报应，如影随形。今某人善，而子孙不兴；某人恶，而家门隆盛。佛说无稽矣。』

【译文】

怎么叫做真假呢？从前有几个读书人，去拜见天目山的高僧中峰和尚，问道：『佛家宣扬善恶报应，就像影子跟

着身体一样。为什么现在某人是行善的，他的子孙反而不兴旺？某人是作恶的，他的家反倒发达得很？如此看来佛说的报应，倒是没有凭据了。』

【原文】

中峰云：『凡情未涤，正眼未开，认善为恶，指恶为善，往往有之。不憾己之是非颠倒，而反怨天之报应有差乎？』

【译文】

中峰和尚回答说：『平常人被世俗的见解所蒙蔽，法眼未开，所以往往把善行反认为是恶的，恶行反认为是善的，这是常有的事情。并且看错了，不但不怨自己颠倒是非，怎么反而抱怨上天的报应错了呢？』

【原文】

众曰：『善恶何致相反？』

【译文】

大家又说：『善恶哪里会弄得相反呢？』

【原文】

中峰令试言其状。

一人谓：『詈人殴人是恶；敬人礼人是善。』

【译文】

中峰和尚便叫他们把所认为是善的、恶的事情都说出

来。其中有一个人说：『骂人、打人是恶；尊敬人、礼貌待人是善。』

【原文】**中峰云：『未必然也。』**

【译文】中峰和尚回答说：『你说的不一定对！』

【原文】**一人谓：『贪财妄取是恶，廉洁有守是善。』**

【译文】另一个人说：『贪财索贿是恶，廉洁守德是善。』

【原文】**中峰云：『未必然也。』**

【译文】中峰和尚说：『你说的也不一定对喔！』

【原文】**众人历言其状，中峰皆谓不然。因请问。**

【译文】那些读书人都把各人平时所看到的种种善恶行为讲出来，但是中峰和尚都说不一定全对。众人就请教和尚究竟怎样才是善？怎样才是恶？

【原文】**中峰告之曰：『有益于人，是善；有益于己，是恶。有益于人，则殴人、詈人皆善也；有益于己，则敬人、礼人皆恶也。是故人之行善，利人者公，公则为真；利己者私，私则为假。又根心者真，袭迹者假。又**

无为而为者真，有为而为者假。皆当自考。』。

【译文】

中峰和尚告诉他们：『做对别人有益的事情，是善；做对自己有益的事情，是恶。可以使别人得到益处，哪怕是骂人、打人也都是善事。而有益于自己的事情，那么就是尊敬人、用礼貌待人也都是恶。因此一个人做善事，使别人得到利益的就是公，公就是真。只想到自己的利益，那就是私，私就是假。况且，发自良心的善行是真，只不过是照例做做就算了的是假。还有，为善不求报答，不露痕迹，那么所做的善事是真。如果为了某一种目的，企图有所回报才去做的善事，是假。像这样的种种标准，自己都要仔细地考察清楚。』

【原文】

何谓端曲？今人见谨愿之士，类称为善而取之。圣人则宁取狂狷。

【译文】

什么叫做端曲呢？现在的人看着谨慎小心、表面忠厚老实，而实际上没有原则的人，大都称他是善人，而且很看重他。然而古时的圣贤，却是宁愿欣赏心高气傲，奋发向前的人。

【原文】

至于谨愿之士，虽一乡皆好，而必以为德之贼。是世人之善恶，分明与圣人相反。

【译文】

至于那些看起来谨慎小心却是无用的好人，尽管在乡里大家都喜欢他，但是因为这种人缺乏道德勇气而成为伤害道德的贼。这样看来，世俗人所说的善恶观念，分明与圣人相反。

【原文】

纯是济世之心，则为端；苟有一毫媚世之心，即为曲；纯是爱人之心，则为端；有一毫愤世之心，即为曲；纯是敬人之心，则为端；有一毫玩世之心，即为曲；皆当细辨。

【译文】

所以如果都是怀着一颗济世救人的心，那就是直；如果存有一丝讨好世俗的心，那就是曲；纯粹是爱护别人的心，那就是直；如果有一丝一毫愤世嫉俗之心，那就是曲；完全是尊敬别人的心，那就是直；如果有一丝玩弄世人的心，那就是曲。这些都应该仔细分辨清楚。

【原文】

何谓是非？鲁国之法，鲁人有赎人臣妾于诸侯，皆受金于府，子贡赎人而不受金。

【译文】

什么叫做是非呢？春秋时代的鲁国定有一种法律，凡是鲁国人被别的国家抓去做奴隶。若有人肯出钱，把这些人赎回来，就可以到官府领取赏金。但是孔子的学生子贡虽然也替人赎回被抓去的人，但却不肯接受鲁国的赏金。

【原文】

孔子闻而恶之曰：『赐失之矣。夫圣人举事，可以移风易俗，而教道可施于百姓，非独适己之行也。今鲁国富者寡而贫者众，受金则为不廉，何以相赎乎？自今以后，不复赎人于诸侯矣。』

【译文】

孔子听说后很不高兴地说：『这件事子贡做错了。凡

是圣贤无论做什么事情，都是要做了以后能改变社会不良风俗，建立良好的道德秩序来教育和引导百姓做好人，而不只是为了自己觉得爽快称心就去做的。现在鲁国富有的人少，穷苦的人多，若是受了赏金就算是贪财，那么钱不多又不肯受贪财之名的人，还会再去诸侯国赎人吗？恐怕从此以后，就再不会有人向诸侯赎人了。』

【原文】

子路拯人于溺，其人谢之以牛，子路受之。孔子喜曰：『自今鲁国多拯人于溺矣。』

【译文】

子路看见一个人落水，把他救了上来。那个人就送一头牛来答谢子路，子路就接受了。孔子知道了，很欣慰地说：『从今以后，鲁国就会有很多人主动去下水救人了。』

【原文】

自俗眼观之，子贡不受金为优，子路之受牛为劣，孔子则取由而黜赐焉。乃知人之为善，不论现行而论流弊；不论一时而论久远；不论一身而论天下。

【译文】

用世俗的眼光来看，子贡不接受赏金是好的，子路接受牛是不好的。不料，孔子反而称赞子路，责备子贡。知道一个人做善事，不能只看眼前的效果，而要讲究是否会产生流传下去的弊端；不能只论一时的影响，而是要讲究长远的是非；不能只论个人的得失，而是要讲究它对天下大众的影响。

【原文】

现行虽善，而其流足以害人，则似善而实非也；现行虽不善，而其流足以济人，则非善而实是也。然此就一节论之耳。他如非义之义，非礼之礼，非信之信，非慈之慈，皆当抉择。

【译文】

现在所为虽然是善，但如果流传下去对人有害，那就虽然像善但其实还不是善；现在所行虽然不是善，但是如果流传下去能够帮助人，那就虽然像不善但确实是善！这只不过是拿一件事情来讲讲罢了。其他如非义之义，非礼之

礼，非信之信，非慈之慈这些问题，都应该细细地加以判断，分辨清楚。

【原文】

何谓偏正？昔吕文懿公初辞相位，归故里，海内仰之，如泰山北斗。有一乡人，醉而詈之，吕公不动，谓其仆曰：『醉者勿与较也。』闭门谢之。

【译文】

什么叫做偏正呢？从前明朝的宰相吕原，谥文懿公，刚辞掉宰相的官位回到家乡来，人们都很敬仰他，就像是群山拱卫着泰山，众星环绕着北斗星一样。唯独有一个乡下人，醉酒后乱骂吕公。但是吕公并未气，对自己的佣人说：『不要与喝醉酒的人计较。』于是闭门谢客。

【原文】

逾年，其人犯死刑入狱。吕公始悔之曰：『使当时稍与计较，送公家责治，可以小惩而大戒。吾当时只欲存心于厚，不谓养成其恶，以至于此。』此以善心而行恶事者也。

【译文】

过了一年，这个人犯了死罪入狱。吕公方才懊悔地说『如果当时与他计较，将他送到官府治罪，就可以借小惩罚而达到大警戒的效果。我当时只想心存厚道，反而养成他天不怕地不怕的恶性，直到如今犯下死罪，送了性命。』这就是虽存善心，反倒做了恶事的一个例子。

【原文】

又有以恶心而行善事者。如某家大富，值岁荒，穷民白昼抢粟于市。告之县，县不理。穷民愈肆，遂私执而困辱之，众始定。不然，几乱矣。故善者为正，恶者为偏，人皆知之。其以善心行恶事者，正中偏也；以恶心而行善事者，偏中正也，不可不知也。

【译文】

又有存了恶心，倒反而做了善事的例子。例如有一个大富人家遇到荒年，有些穷人大白天在市场上抢米，这个大

富人家，便告到县官那里。县官偏偏又不受理这个案子，穷人因此胆子更大，愈加放肆横行了。于是这个大富人家就私下里把抢米的人抓起来让他出丑，那些抢米的人反倒安定下来不再抢了。否则，市面上几乎大乱了。因此善是正，恶是偏，这是大家都知道的。但是也有存善心，反倒做了恶事的例子。这是存心虽正，结果却变成偏，只可称做正中的偏。但也有存恶心，反倒做了善事的例子，这是存心虽是偏，结果反成正，只可称做偏中的正，这种道理大家不可不知道。

【原文】**何谓半满？易曰：『善不积，不足以成名；恶不积，不足以灭身。』**

【译文】什么叫做半满的善呢？《易经》上说：『一个人不积善，就不会成就好的名誉；不积恶，则不会有杀身大祸。』。

【原文】**书曰：『商罪贯盈，如贮物于器。』勤而积之，则满；懈而不积，则不满。此一说也。**

【译文】《尚书》上说：『商纣王的罪孽，像穿的一串钱那么长，就仿佛收藏东西装满了一个容器里一样。』如果你很勘奋的积累，终有一天会积满。如果不坚持积累那就不会满。积善积恶，也像储存东西一样，这是讲半善满善的一种说法。

【原文】**昔有某氏女入寺，欲施而无财，止有钱二文，捐而与之，主席者亲为忏悔。及后入宫富贵，携数千金入寺舍之，主僧惟令其徒回向而已。**

【译文】从前有一位女子到佛寺里去，想要送些钱给寺里，可惜身上只有两文钱，就全部拿出来布施给了和尚。而寺里的

住持竟亲自替她在佛前请求忏悔灭罪。后来这位女子进皇宫做了贵妃，便带了几千两银子来寺里布施。但是这次住持却只是叫他的徒弟替那个女子回向罢了。

【原文】

因问曰：『吾前施钱二文，师亲为忏悔。今施数千金，而师不回向。何也？』

【译文】

那个女子究其原因：『我从前不过布施了两文钱，师父就亲自替我忏悔。现在我布施了几千两银子，而师父却不替我回向，这是为什么呢？』

【原文】

曰：『前者物虽薄，而施心甚真，非老僧亲忏，不足报德。今物虽厚，而施心不若前日之切，令人代忏足矣。』此千金为半，而二文为满也。

【译文】

住持回答说：『施主从前布施的钱虽少，而布施的心很真切，所以除非我老和尚亲自替你忏悔，否则便不足以报答你布施的功德。现在你布施的钱虽然多，但是你布施的心却不像从前那么真切，所以我叫人代你忏悔就够了。』这就是几千两银子的布施只算是半善，而两文钱的布施，却算是满善的道理。

【原文】

钟离授丹于吕祖，点铁为金，可以济世。

【译文】

钟离把他炼丹的方法，传给吕洞宾。用丹点在铁上就能变成黄金，可拿来救济世上的穷人。

【原文】

吕问曰：『终变否？』

【译文】吕洞宾问钟离说：『铁变了金，还能变回铁吗？』

【原文】曰：『五百年后，当复本质。』

【译文】钟离回答说：『五百年以后，应该会变回原来的铁。』

【原文】吕曰：『如此则害五百年后人矣，吾不愿为也。』

【译文】吕洞宾说：『如果这样就害了五百年以后的人了，我不愿做这样的事呀。』

【原文】又为善而心不著善，则随所成就，皆得圆满。心著于善，虽终身勤励，止于半善而已。

【译文】一个人做善事而内心不可叨念，那么就随便你所做的任何善事都能够成功而且圆满。若是做了件善事心就牢记在这件善事上，即使一生都很勤勉的做善事，也只不过是半善而已。

【原文】譬如以财济人，内不见己，外不见人，中不见所施之物，是谓三轮体空，是谓一心清净，则斗粟可以种无涯之福，一文可以消千劫之罪。倘此心未忘，虽黄金万镒，福不满也。此又一说也。

【译文】譬如拿钱去救济人，要内不见布施的我，外不见受布施的人，中不见布施的钱，这才叫做三轮体空，也叫做一心清净。如果能够这样布施，即使布施不过一斗米，也可以种下无量无边的福。即使布施一文钱，也可以消除一千

劫所造的罪了。如果心里不能忘掉所做的善事，即使用万两黄金去救济别人，还是不能得到圆满之福。这又是一种说法。

【原文】**故志在天下国家，则善虽少而大；苟在一身，虽多亦小。**

【译文】因此，立志做善事，如果目的在于利国利民，那么善事即使再小，功德都很大。假使做善事只为了利于自己或利益集团，那么善事即使再多，功德都很小。

【原文】**何谓难易？先儒谓克己须从难克处克将去。夫子论为仁，亦曰先难。**

【译文】什么叫做行善的难易呢？从前有学问的人都说：克制自己的私欲，要从难除的地方先除起。孔子在论述仁义之事时说，先要从难的地方下功夫。

【原文】**必如江西舒翁，舍二年仅得之束脩，代偿官银，而全人夫妇。**

【译文】一定要像江西的一位舒老先生，他捐赠两年教书所仅得的薪水，帮一户穷人还了他们所欠官府的钱，从而保全了这对夫妇。

【原文】**与邯郸张翁，舍十年所积之钱，代完赎银，而活人妻子，皆所谓难舍处能舍也。**

【译文】又像河北邯郸的张老先生舍弃他十年的积蓄，替穷人赎回并救活了他的妻儿。像舒老先生，张老先生都是在最难

舍得的情况下，他们竟然能够舍得啊！

【原文】

如镇江靳翁，虽年老无子，不忍以幼女为妾，而还之邻，此难忍处能忍也。故天降之福亦厚。

【译文】

又像江苏镇江的一位靳老先生，虽然年老没有儿子，邻居愿意把一个年轻的女儿给他做妾，希望能为他生一个儿子。但是这位靳老先生不忍心纳幼女为妾，并把这女子送还邻居。这又是很难忍往而能够忍得住的事。因此，上天赐给他们这几位老先生的福，也特别的丰厚。

【原文】

凡有财有势者，其立德皆易，易而不为，是为自暴。贫贱作福皆难，难而能为，斯可贵耳。

【译文】

凡是有财有势的人想要行善积德，容易做却不肯做，那就叫做自暴自弃了。而没钱没势的穷人要想行善都会有很大的因难，难做到而能做到，这才更是难能可贵。

【原文】

随缘济众，其类至繁，约言其纲，大约有十：第一、与人为善；第二、爱敬存心；第三、成人之美；第四、劝人为善；第五、救人危急；第六、兴建大利；第

七、舍财作福；第八、护持正法；第九、敬重尊长；第十，爱惜物命。

【译文】人生遇到机缘就去做救济众人的事。救济众人的方式很多，简单说，它的重要项目大约有十种：第一、与人为善。第二、爱敬存心。第三、成人之美。第四、劝人为善。第五、救人危急。第六、兴建大利。第七、舍财作福。第八、护持正法。第九、敬重尊长。第十、爱惜物命。

【原文】

何谓与人为善？昔舜在雷泽，见渔者皆取深潭厚泽，而老弱则渔于急流浅滩之中，恻然哀之，往而渔焉。见争者皆匿其过而不谈，见有让者，则揄扬而取法之。期年，皆以深潭厚泽相让矣。

【译文】

什么叫做与人为善呢？从前舜在雷泽湖边看见年轻力壮的渔夫都拣湖水深处去抓鱼，而那些年老体弱的渔夫，都在水流得急而且水较浅的地方抓鱼。舜心里很可怜他们，就想了一个方法：他自己也去参加捉鱼，看见那些喜欢抢夺的人就掩饰他们的过失，看见那些谦让的渔夫便到处称赞他们，提倡大家学习他们谦让的好作风。舜抓了一年的鱼之后，大家都把水深鱼多的地方让出来了。

【原文】

夫以舜之明哲，岂不能出一言教众人哉？乃不以言教而以身转之，此良工苦心也。

【译文】

那么像舜那样的圣人，为什么不干脆说几句话来教化众人呢？舜不用言语教化，而采用以身作则的教化办法，这真是一个用心良苦的人所费的苦心啊！

【原文】

吾辈处末世，勿以己之长而盖人，勿以己之善而形人，勿以己之多能而困人。收敛才智，若无若虚，见人过失，且涵容而掩覆之。

【译文】我们生长在这个（人心风俗败坏的）末世时代，切不可以用自己的长处去盖过旁人，切不可以用自己的善来和别人比较，切不可以用自己有的能力去为难别人。要学会收敛聪明才智，要把聪明才智都看作是虚无的。看到别人有过失，应该替他包涵掩盖。

【原文】**一则令其可改，一则令其有所顾忌而不敢纵。见人有微长可取，小善可录，翻然舍己而从之，且为艳称而广述之。凡日用间，发一言，行一事，全不为自己起念，全是为物立则，此大人天下为公之度也。**

【译文】一方面可以使他有改过自新的机会，另一方面可以使他有所顾忌而不敢放肆。看到旁人有些小的长处可以学的，或有小的善心善事可以记的，都应该立刻放下自己的主见，学习他的长处，并且称赞他，替他广为传扬。一个人在平常生活中，不论讲句话或是做件事，都不可为自己而起自私自利的念头，而要为了社会大众设想立下一种规则来，使大众可以通行遵守，这才是一位伟大的人物，所应具备的天下为公的度量！

【原文】**何谓爱敬存心？君子与小人，就形迹观，常易相混，惟一点存心处，则善恶悬绝，判然如黑白之相反。故曰：君子所以异于人者，以其存心也。**

【译文】什么叫做爱敬存心呢？君子与小人，从外表来看常常容易混淆。而君子与小人唯一的区别在于居心，君子是善，小人是恶，彼此相差很远，他们的区别就像黑白两种颜色那样绝对相反。因此，孟子说：君子之所以与常人不同的地方，就在于他们的存心啊！

【原文】**君子所存之心，只是爱人敬人之心。盖人有亲疏贵贱，有智愚贤不肖，万品不齐，皆吾同胞，皆吾一**

体，孰非当敬爱者？爱敬众人，即是爱敬圣贤。能通众人之志，即是通圣贤之志。

【译文】

君子所存之心，只有爱人敬人之心。人虽有亲近的，疏远的，尊贵的，低微的，聪明的，愚笨的，有道德的，有下流的等千千万万不同的品性。但他们都是和我们一样有生命的同胞。哪一个不该爱他敬他呢？爱敬众人，就是爱敬圣贤。能够明白众人的意思，就能够明白圣贤人的意思。

【原文】

何者？圣贤之志，本欲斯世斯人，各得其所。吾合爱合敬，而安一世之人，即是为圣贤而安之也。

【译文】

为什么呢？因为圣贤本来就希望世界上的人都能安居乐业，过着互敬互爱的幸福生活。而能使世上的人个个平安幸福，也就是代替圣贤让他们平安快乐了。

【原文】

何谓成人之美？玉之在石，抵掷则瓦砾，追琢则圭璋。故凡见人行一善事，或其人志可取而资可进，皆须诱掖而成就之。或为之奖借，或为之维持，或为白其诬而分其谤，务使成立而后已。

【译文】什么叫做成人之美呢？举例来说，若是把一块里面有玉的石头随便乱丢抛弃，那么这块里面有玉的石头也只不过是和瓦片碎石一样一文不值了。若是把它好好加以雕刻琢磨，那么这块石头就会成为非常珍贵的圭璋了。因此，看到别人做一件善事，或者是这个人立志向上，而且他的资质足以造就的话，都应该好好引导他，提拔他，使他成为社会上的有用之材。或是夸赞他，激励他，扶持他。若是有人冤枉他，就替他辩解冤屈，来替他分担无端被人恶意的毁谤，务必要使他能够立身于社会，而后才算是尽了我的心力。

【原文】**大抵人各恶其非类，乡人之善者少，不善者多。善人在俗，亦难自立。且豪杰铮铮，不甚修形迹，多易指摘。故善事常易败，而善人常得谤。惟仁人长者，匡直而辅翼之，其功德最宏。**

【译文】通常人们都厌恶与自己不同类型的人。乡里的人都是善的少，不善的多，所以善人在世俗里很难立得住脚。况且豪杰的性情大多刚正不阿，并且不注意修饰外表，所以容易被俗人恶意指摘。因此做善事也常常容易失败，善人也常常被人毁谤。只有全靠仁人长者，才能匡扶正义并辅助他们。像这样辟邪显正的功德，才是最宏大的。

【原文】**何谓劝人为善？生为人类，孰无良心？世路役役，最易没溺。凡与人相处，当方便提携，开其迷惑。**

【译文】什么叫做劝人为善呢？生为一个人，谁能没有良心呢？但因忙于追逐名利，最容易堕落。所以，与别人相处时，应该尽力提携他，并帮助他解开迷惑。

【原文】**譬犹长夜大梦，而令之一觉；譬犹久陷烦恼，而拔之清凉，为惠最溥。**

【译文】犹如看见他在长夜里做了一个浑浑噩噩的大梦，一定要使他赶快清醒。又好像看他长久陷入烦恼，一定要使他头脑转为清凉。像这样以恩待人，劝人为善，功德是最大的。

【原文】**韩愈云：『一时劝人以口，百世劝人以书。』较之与人为善，虽有形迹，然对症发药，时有奇效，不可废也。失言失人，当反吾智。**

【译文】韩愈曾说：『以口劝人只在一时，以书劝人可传百世。』与前面所讲的与人为善比较起来，虽然比较注重形式，但是这种对症下药的事，时常会有奇效，这种方法是不可以放弃的。失言失人，都应该反省是不是自己的智慧不够。

【原文】**何谓救人危急？患难颠沛，人所时有。偶一遇之，当如痌瘝在身，速为解救。或以一言伸其屈抑，或以多方济其颠连。崔子曰：『惠不在大，赴人之急可也。』盖仁人之言哉。**

【译文】什么叫做救人危急呢？患难颠沛的事情，人人都是常有的。偶尔碰到患难危急的人，应该要将他的痛苦当做是发生在自己的身上一样，赶快设法解救。或是用话语帮助他申辩冤屈，或是用多种方法来救济他的困苦。明朝的崔子曾经说：『恩惠不在乎大小，只要在别人危急的时候赶紧去帮助他就可以了。』这才真正是仁者的话呀！

【原文】**何谓兴建大利？小而一乡之内，大而一邑之中，凡有利益，最宜兴建。或开渠导水；或筑堤防患；或修桥梁，以便行旅；或施茶饭，以济饥渴。随缘劝导，协力兴修，勿避嫌疑，勿辞劳怨。**

【译文】

什么叫做兴建大利呢？往小里说是在一个乡里，往大里说是在一个县里，凡是有益公众的事最应该发起兴建。或是开辟水道来灌溉农田；或是建筑堤岸来预防水灾；或是修筑桥梁使行旅交通方便；或是施送茶饭，救济饥饿口渴的人。随时遇到机会，都要劝导大家同心协力来兴建。即使有人在暗中中伤你，你也不要为了避嫌就不去做。也不要怕辛苦，担心别人嫉妒怨恨就推托不做。

【原文】

何谓舍财作福？释门万行，以布施为先。所谓布施者，只是舍之一字耳。达者内舍六根，外舍六尘，一切所有，无不舍者。

【译文】

什么叫做舍财作福呢？佛门里的万种善行，以布施为最重要。讲到布施，就只有一个舍字而已。真正明白道理的人什么都肯舍，譬如自己身上的眼睛、耳朵、鼻子、舌头、身体、念头，没有一样不肯舍掉。在身外的色、声、香、味、触、法，也都可以一概舍弃。一个人所拥有的一切，没有一样不可以舍掉的。

【原文】

苟非能然，先从财上布施。世人以衣食为命，故财为最重。吾从而舍之，内以破吾之悭，外以济人之急。始而勉强，终则泰然，最可以荡涤私情，祛除执吝。

【译文】

若是不能这样什么都舍，那就先从钱财上着手布施。世人都把穿衣吃饭看得像生命一样重要，因此钱财上的布施也最为重要。我们如果能够痛痛快快地施舍钱财，对内而言可以破除自己小吝啬的毛病。对外而言，则可以救济别人的急难。开始的时候难免会有一些勉强，最后施舍习惯了心中自然就会泰然处之。这种方法是最容易消除自己的贪念私心，也可以有效改掉自己对钱财的执著与吝啬。

【原文】**故凡见圣贤庙貌，经书典籍，皆当敬重而修饬之。至于举扬正法，上报佛恩，尤当勉励。**

【译文】所以凡是看到圣贤的寺庙、图像、经典、遗训，都要加以敬重并加以修补整理。而讲到佛门正法，尤其应该以敬重的心加以弘扬，才可以上报佛的恩德，这些都是更应该勉励的。

【原文】**何谓敬重尊长？家之父兄，国之君长，与凡年高，德高，位高，识高者，皆当加意奉事。**

【译文】什么叫做敬重尊长呢？家里的父亲、兄长，国家的君王、长官，以及凡是年岁高、道德高、职位高、见识高的人，都应该格外虔诚地去敬重他们。

【原文】**在家而奉侍父母，使深爱婉容，柔声下气，习以成性，便是和气格天之本。**

【译文】在家侍奉父母，要有深爱父母之心和委婉和顺的容貌，声音要温和，语气要平顺，并长期坚持养成习性，这就是和气可以感动天心的根本办法。

【原文】**出而事君，行一事，毋谓君不知而自恣也。刑一人，毋谓君不知而作威也。事君如天，古人格论，此等处最关阴德。试看忠孝之家，子孙未有不绵远而昌盛者，切须慎之。**

【译文】出门在外侍候君王，不论做什么事都不可以以为君王不知道，自己就可以随意乱做。审判一个罪犯，都不可以以为君王不知道，就可以作威作福冤枉人。侍奉君王，要像面对上天一样的恭敬。这是古人所定的规范，这种

地方最关乎阴德。不信请看，凡是忠孝人家，其子孙没有不发达久远而且前途兴旺的，所以一定要小心谨慎地去做。

【原文】**何谓爱惜物命？凡人之所以为人者，惟此恻隐之心而已。求仁者求此，积德者积此。**

【译文】什么叫做爱惜物命呢？要知道人之所以是人，就在于他有这一片恻隐的心罢了。求仁的，就是求这一片恻隐之心。积德的，也就是积这一片恻隐之心。

【原文】**《周礼》：『孟春之月，牺牲毋用牝。』孟子谓君子远庖厨，所以全吾恻隐之心也。**

【译文】《周礼》上说：『每年正月的时候，祭品千万不要用母的。』孟子说君子要远离厨房，就是因为要保全自己恻隐之心。

【原文】**故前辈有四不食之戒：谓闻杀不食，见杀不食，自养者不食，专为我杀者不食。学者未能断肉，且当从此戒之。**

【译文】所以，前辈有四种肉不吃的戒条。就是说，听到动物被杀的声音不吃。在它被杀的时候看见了不吃。自己养饲大的不吃。专门为我杀的不吃。后辈的人若是做不到一下子断食荤腥，也应该学习前辈的仁慈之心以此为戒。

【原文】

渐渐增进，慈心愈长。不特杀生当戒，蠢动含灵，皆为物命。

【译文】

渐渐地减少吃直到完全不吃肉。这样子慈悲心就会愈来愈多。不但杀生应该戒除，就是那些极小的昆虫蚂蚁，不论愚蠢的或是有灵性的，凡是有生命的都应该禁止伤害它们的性命。

【原文】

求丝煮茧，锄地杀虫，念衣食之由来，皆杀彼以自活。故暴殄之孽，当与杀生等。至于手所误伤，足所误践者，不知其几，皆当委曲防之。

【译文】

要抽出蚕丝，就得把蚕茧放在水里烧煮。掘地种田，就要杀害地下的虫子。想想我们的衣、食的由来，都是杀它们的命来养活我们自己。因此，糟蹋粮食，浪费东西之类的罪孽，应该与杀生的罪孽相同。至于随手误伤的生命，脚下误踩而死的生命，更不知道有多少，这都应该设法防止。

【原文】

古诗云：『爱鼠常留饭，怜蛾不点灯。』何其仁也！

【译文】

（宋朝的苏东坡）有首诗说：『恐怕老鼠饿死，所以经常为老鼠留些饭。哀怜飞蛾扑到灯上烫死，所以晚上也不点灯。』这话是多么的仁慈呀！

【原文】

善行无穷，不能殚述。由此十事而推广之，则万德可备矣。

【译文】

善事无穷无尽，不可能说得完。只要从这十件事加以推广并发扬，那么无数的功德就都完备了。

第四篇 谦德之效

【原文】

《易》曰：『天道亏盈而益谦，地道变盈而流谦，鬼神害盈而福谦。人道恶盈而好谦。』是故谦之一卦，六爻皆吉。

【译文】

《易经》上说：『上天之道，凡是骄傲自满的就会遭到亏损，而谦虚礼让的就能得到益处。地之道，凡是骄傲自满的也要使他改变，而谦虚的要使他滋润不枯，就像低的地方流水经过必定会弥补了他的缺陷。鬼神之道，凡是骄傲自满的就要使他受害，谦虚的便让他受福。人之道，都是厌恶骄傲自满的人，而喜欢谦虚礼让的人。』因此，六十四卦中谦这一卦，每一爻都是吉祥的。

【原文】

书曰：『满招损，谦受益。』

【译文】

《尚书》上说：『自满，就会招致损害。自谦，就会受到益处。』

【原文】

予屡同诸公应试，每见寒士将达，必有一段谦光可掬。

【译文】我好几次和许多人去参加考试，每次都看到贫寒的读书人在即将考中的时候，脸上一定有一片谦和、安详的光采散发出来，仿佛可以用手捧住的样子。

【原文】**辛未计偕，我嘉善同袍凡十人，惟丁敬宇宾，年最少，极其谦虚。**

【译文】辛未年（公元1571年）我到京城去会试，我的同乡嘉善人一起去参加会试的大约有十个人，只有丁敬宇年龄最小，而且为人非常谦虚。

【原文】**予告费锦坡曰：『此兄今年必第。』费曰：『何以见之？』**

【译文】我告诉同去会试的费锦坡说：『这位老兄今年一定会考中。』费锦坡问我说：『何以见得？』

【原文】**予曰：『惟谦受福。兄看十人中，有恂恂款款，不敢先人，如敬宇者乎？有恭敬顺承，小心谦畏，如敬宇者乎？有受侮不答，闻谤不辩，如敬宇者乎？人能如此，即天地鬼神，犹将佑之，岂有不发者？』**

【译文】我说：『只有谦虚的人可以承受福报。老兄你看我们这十个人中，有诚实厚道，凡事不敢抢在人前，像丁敬宇那样的吗？有恭恭敬敬，一切都肯顺受，小心谦逊像丁敬宇那样的吗？有受人侮辱而不反击，听到人家毁谤他而不争辩，像丁敬宇那样的吗？一个人能够做到这样，就是天地鬼神也都要保佑他，哪有不发达的道理？』

【原文】**及开榜，丁果中式。**

【译文】

等到发榜的时候，丁敬宇果然考中了。

【原文】

丁丑年在京，与冯开之同处，见其虚己敛容，大变其幼年之习。李霁岩直谅益友，时面攻其非，但见其平怀顺受，未尝有一言相报。予告之曰：『福有福始，祸有祸先。此心果谦，天必相之。兄今年决第矣。』已而果然。

【译文】

丁丑年（公元1577年）在京城时，我和冯开之住在一起，看到他总是虚心自谦，面容和顺，大大地改变了他小时候那种骄纵的习气。他有一位正直又诚实的益友李霁岩，时常当面指责他的过错，却只看到他平心静气地接受了朋友的责备，从来不反驳一句话。我告诉他说：『一个人有福，一定有福的根源。有祸，也一定有祸的预兆。人只要真心谦虚，上天一定会帮助他，你老兄今年必定能及第了！』后来冯开之果然考中了。

【原文】

赵裕峰，光远，山东冠县人，童年举于乡，久不第。其父为嘉善三尹，随之任。慕钱明吾，而执文见之。明吾悉抹其文，赵不惟不怒，且心服而速改焉。明

年，遂登第。

【译文】

赵裕峰，名光远，山东冠县人，不满二十岁的时候就中了举人，后来会试却屡考不中。他的父亲做嘉善县的三尹，裕峰随同他父亲上任。裕峰非常羡慕嘉善县名士钱明吾的学问，就拿自己的文章去拜见他。不料钱先生竟拿起笔来把他的文章全部涂掉了。裕峰不但不发火，并且心服口服，赶紧把自己文章的问题都改了。到了第二年，裕峰就考中了。

【原文】

壬辰岁，予入觐，晤夏建所，见其人气虚意下，谦光逼人。归而告友人曰：『凡天将发斯人也，未发其福，先发其慧。此慧一发，则浮者自实，肆者自敛。建所温良若此，天启之矣。』及开榜，果中式。

【译文】

壬辰年（公元1592年）我入京去觐见皇帝，见到一位叫夏建所的读书人，看到他虚怀若谷，他那谦虚的光彩就像会逼近人的样子。我回来后告诉朋友：『凡是上天要使这个人发达，在没有发他的福之前一定先启发他的智慧。这种智慧一经启发，就能使浮滑的人自然变得诚实，放肆的人也就自动收敛了。建所他温和善良到这种地步，说明上天已经开启了他的福分。』等到发榜的时候，建所果然考中了。

【原文】

江阴张畏岩，积学工文，有声艺林。甲午，南京乡试，寓一寺中，揭晓无名，大骂试官，以为眯目。时有一道者，在傍微笑，张遽移怒道者。道者曰：『相公文必不佳。』

【译文】

江阴一位名叫张畏岩的人，学问深厚，文章写得很好，在艺林中很有名声。甲午年（公元1594年）南京乡试时，他借住在一处寺院里，放榜时榜上竟然没有他的名字，他就大骂考官有眼无珠。当时有一个道士在旁微笑，张畏岩马上就迁怒于道士。道士说：『你的文章一定不好。』

【原文】张怒曰：『汝不见我文，乌知不佳？』

【译文】张畏岩愤怒地说：『你没有看到我的文章，怎么会知道我写得不好？』

【原文】道者曰：『闻作文，贵心气和平，今听公骂詈，不平甚矣，文安得工？』

【译文】道士说：『我听人说，做文章最要紧的是心平气和。现在听到您这样大骂，说明您心浮气躁得厉害，你的文章又怎么会写得好呢？』

【原文】张不觉屈服，因就而请教焉。

【译文】张畏岩听了道士的话，倒不知不觉地屈服了，于是就转而向道士请教。

【原文】道者曰：『中全要命，命不该中。文虽工，无益也。须自己做个转变。』

【译文】道士说：『要考中功名，全要靠命。命里不该考中，文章虽好也是没用的。你自己一定要有一个大的转变。』

【原文】张曰：『既是命，如何转变？』

【译文】张畏岩问道：『既然是命，又怎样能改变呢？』

【原文】道者曰：『造命者天，立命者我。力行善事，广积阴德，何福不可求哉？』

【译文】道士说：『上天造命，可立命的权利在自我。只要你肯尽力去做善事，多积阴德，什么福不能求得呢？』

【原文】张曰：『我贫士，何能为？』

【译文】张畏岩说：『我是一个穷读书人，能做什么善事呢？』

【原文】道者曰：『善事阴功，皆由心造。常存此心，功德无量。且如谦虚一节，并不费钱，你如何不自反而骂试官乎？』

【译文】道士说：『行善事，积阴德，都是发自内心的。只要常常存着做善事积阴功的心，功德自然就无量无边了。就像谦虚这件事，并不需要花钱，你为什么不自我反省，反而要骂考官呢？』

【原文】张由此折节自持，善日加修，德日加厚。丁酉，梦

至一高房，得试录一册，中多缺行。问旁人，曰：『此今科试录。』

【译文】

张畏岩从此戒骄戒躁，把持自己。天天下功夫去修善，天天都努力去积德。到了丁酉年（公元1597年），有一天他梦见到了一处很高的房屋里，看到一本考试录取的花名册，中间有许多的缺行。他询问旁边的人，那个人说：『这是今年考试录取的名册。』

【原文】

问：『何多缺名？』

【译文】

张畏岩又问：『为什么名册内有这么多的缺行？』

【原文】

曰：『科第阴间三年一考较，须积德无咎者，方有名。如前所缺，皆系旧该中式，因新有薄行而去之者也。』

【译文】

那人又回答说：『阴间对那些考试的人，每三年考查一次。一定要积德并没有过失的人，这本名册里才会有名字。像名册前面的缺额都是从前本该考中，但是因他们最近犯了罪过才把名字去掉的。』

【原文】

后指一行云：『汝三年来，持身颇慎，或当补此，幸自爱。』是科果中一百五名。

【译文】

后来那个人又指着一行说：『你这三年来，很留心把持自己，谨言慎行，或许应该能补上这个空缺了。希望你珍重自爱，勿犯过错。』果然张畏岩就在这次会考中，考中了第一百零五名。

【原文】

彼气盈者，必非远器，纵发亦无受用。稍有识见之士，必不忍自狭其量，而自拒其福也。况谦则受教有地，而取善无穷，尤修业者，所必不可少者也。

【译文】

那些心高气傲的人，一定不是大器之才。即使偶尔发达也不会长久地享受福报。稍有见识之士，一定不肯把自己肚量弄得很狭窄，而失去自己原本可以得到的福报。况且谦虚的人才会有地方接受好的教导，从而获得无穷的善德。尤其是进德修业的人，一定不可缺少这修养啊！

【原文】

古语云：『有志于功名者，必得功名；有志于富贵者，必得富贵。』人之有志，如树之有根。立定此志，须念念谦虚，尘尘方便，自然感动天地，而造福由我。

【译文】

古人有句老话说：『有心求功名的，一定可以得到功名；有心求富贵的，一定可以得到富贵。』一个人有远大的志向，就像树木有根一样，人立定了这种伟大的志向，就必须在每一个念头上虚怀若谷，即使碰到像灰尘一样极小的事情也要使别人方便。能够做到这样，自然会感动天地了，而造福的根源，全在我自己身上。

【原文】

今之求登科第者，初未尝有真志，不过一时意兴耳。兴到则求，兴阑则止。

【译文】

像现在那些求取功名的人，当初哪有什么真心，只不过是一时的兴致罢了。兴致来了就去求，兴致退了就停止。

【原文】

孟子曰：『王之好乐甚，齐其庶几乎？』

【译文】

孟子（对齐宣王）说过：『大王喜好音乐，必能推广人心，若是到了极点，那么齐国的国运大概可以兴旺了。但是大王喜好音乐，只是在追求个人快乐，那就不好了。若是能把个人追求快乐的心，推广到与民同乐的程度，使全国百姓都快乐，那么齐国还有不兴旺的道理么？』

【原文】

予于科名亦然。

【译文】

我对于追求功名的看法，也是和孟子类似（要把求功名的心，落实推广到积德行善上。并且要尽心尽力地去做，那么命运与福报，就都能够由我自己决定了）。

U0932704